室内设计表现档案
Interior Design Presentation Files

办公空间 叁
Office Space

（第二辑）

丛书主编：董　君

本册主编：赵胜华

中国林业出版社

图书在版编目（ＣＩＰ）数据

室内设计表现档案. 第2辑. 办公空间 / 董君主编. -- 北京：中国林业出版社，2016.4

ISBN 978-7-5038-8446-7

Ⅰ.①室… Ⅱ.①董… Ⅲ.①办公室—室内装饰设计 Ⅳ.①TU238

中国版本图书馆CIP数据核字(2016)第057476号

室内设计表现档案 —— 办公空间 （第2辑）

◎ 编委会成员名单

丛书主编：董　君
本册主编：赵胜华
编写成员：董　君　赵胜华　石　芳　王　超　刘　杰　孙　宇　李一茹
　　　　　姜　琳　赵天一　李成伟　王琳琳　王为伟　李金斤　王明明
　　　　　王　博　徐　健

◎ 丛书策划：先锋文化
◎ 特别鸣谢：中国建筑装饰协会

中国林业出版社 · 建筑与家居出版分社

出版：中国林业出版社　（100009 北京西城区德内大街刘海胡同 7 号）

网址：www.cfph.com.cn

E-mail：cfphz@public.bta.net.cn

电话：（010）8314 3581

发行：新华书店

印刷：北京卡乐富印刷有限公司

版次：2016年5月第2版

印次：2016年9月第1次

开本：170mm×230mm　1/16

印张：14

字数：150千字

定价：99.00 元

3

CONTENTE

P4 . . . . oɪ/华夏海朗科技园办公楼	P112 . . 24/北京低碳能源研究所及专家楼
P6 . . . . . o2/新疆石油管理局机关办公楼	P118 . . . . . 25/永丰高科技产业基地
P8 . . . . o3/某建筑装饰公司	P124 . . . 26/第205医院住院部大楼
P12 . . o4/人民检察院办案及专业技术用房	P130 . . . . 27/北富一期A栋研发中心
P18 . . o5/中国航空无线电电子研究所	P134 . . . 28/鸿隆世纪广场办公展示样板间
P22 . . . . o6/成都611所科研楼	P136 . . . . 29/联永工程公司办公楼
P28 . o7/金莱克电气股份有限公司办公楼	P140 . . . . 30/南京烟草物流配送中心
P34 . . . . o8/惠山高新技术服务中心	P144 . . . . . 3ɪ/内蒙古银行办公楼
P40 . . . . o9/中国建筑设计研究院办公楼	P150 . . . . . 32/金银湖办公基地
P46 . . . . ɪo/大发办公楼	P156 . . . . . 33/中国对外文化集团
P50 . . . . ɪɪ/上海港务大楼	P160 . . . . . 34/远浩船务有限公司
P54 . . . . ɪ2/上海宝矿办公楼	P164 . . . 35/科技农业商业银行办公楼
P58 . . . . . ɪ3/电子科技集团公司研究所	P170 . . . . . . 36/任兴商务中心
P64 . . . . . ɪ4/凯景国际集团办公楼	P178 . . . . 37/石家庄中银广场A座
P70 . . . . ɪ5/客运专线上海调度所	P186 . . . 38/徐州医学院附属医院
P74 . . ɪ6/南通经济开发区创业中心1#	P192 . . . . . . 39/复星集团总部
P78 . . . . ɪ7/南通经济开发区创业中心3#	P196 . . 4o/武汉建筑设计院科技大楼
P82 . . . ɪ8/三利装饰总公司总部办公楼	P202 . . . . . . 4ɪ/步步高办公空间
P86 . . . . . ɪ9/苏宁电器徐庄总部	P204 . . 42/华夏海朗科技园办公楼
P90 . . . . 2o/苏州泰峰大厦	P208 . . . . . . 43/凤凰•创意国际
P92 . . . . 2ɪ/亚运项目	P212 . . . 44/富士康A栋研发中心
P100 . . . . . 22/电力物资总公司写字楼	P216 . . . . 45/易合空间办公空间
P104 . . . . . . 23/渤海银行广州分行	P218 . . 46/南水北调中线调度中心大楼

C1_大堂效果（角度1、2）

01/ 华夏海朗科技园办公楼

项目名称：华夏海朗科技园办公楼
面积：10 000平方米

　　华夏海朗科技园办公楼作为中国知名环保公司—朗坤集团办公场地，我们设计不仅考虑到甲方的使用功能，而且努力为甲方提供一个提升企业品牌形象的新型办公空间。在设计理念上，最大限度的利用建筑本身提供的室内空间，充分考虑企业发展的前瞻性和施工技术先进性，希望通过空间合理布局，动线的组织规划，色彩、照明及材料的合理控制，并以科学、理性、符合功能需求、人性化为布局原则，力争达到主次空间划分合理，空间转折明晰，动线流畅有序。

　　在室内空间构成形式上，采取直线分割和简约的立面组合；在色彩的应用上考虑用色的统一性，方案为浅色调，清新明快，同时与企业标准色相结合，共同构成室内色彩基调，并重点体现企业的文化背景和企业精神；在灯光照明上，方案除采用目前国内先进的照明灯具设备外，还将光影作为塑造空间造型元素。公共区域主体照明冷暖光源组合运用，以体现企业的严谨与开放。办公空间以冷光源为主，以体现冷静与高效。各功能空间的主次光源分布合理，整体效果和谐统一；在装饰材料使用上，设计方案中采用重点空间重点表现刻画，空间合理搭配设计手法。使用绿色环保和耐久性材料，有机结合新工艺。

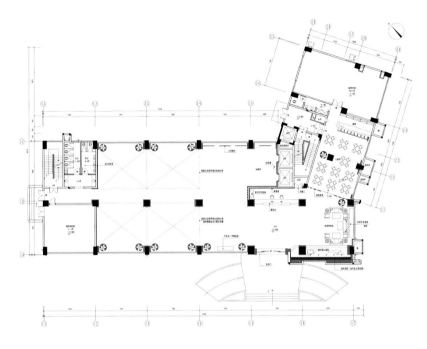

C2_董事长会议室；
C3_董事长会客区；
C4_董事长办公区

C1_大堂效果（角度1、2、3）

02/ 新疆石油管理局机关办公楼

项目名称：新疆石油管理局机关办公楼
设计师：季晶晶、段秀丽

新疆石油管理局生产调度指挥中心是克拉玛依市地标性建筑，大胆的建筑形象设计将赋予这座建筑一种独特新颖的风采，简洁、挺拔的外立面造型定义建筑的体量感。室内设计既传承建筑活跃严谨的设计语言，又体现简洁大方，突出了空间设计的国际化和智能化。设计构思合理的分析办公大楼各项功能空间特性和需求，充分考虑了先进的智能系统和高科技生态节能技术的综合应用，构造一个高度技术性与艺术性的地标性建筑室内空间，既要使其雕塑性造型融入克拉玛依市这个新型的石油新城，同时，又要在中国乃至世界突显自己的地位和特色。

1.大堂：在空间色彩上延续了建筑外观的暖色调。一个充满生机的大堂是一个建筑内部空间的灵魂。尝试在室内营造一种庭院的气氛，以求将室内、外有机地联系在一起。在光与影之间寻求一种平衡，营造出国际化、现代化的办公楼氛围。合理的功能配置和流线组织是一个现代化办

公楼的重要组成部分。

2.后门厅：是本大楼重要出入口，其风格及色彩上与主入口门厅相统一，所以在后门厅的设计手法上与大堂在色调和风格统一，我们在正对大门处加设一个电子显示屏的实体墙，形体简洁整体，满足了办公空间的需要。门口一二层共享处的景观设计也成为了空间的亮点。

3.电梯厅：既是人员进出的主要通道，又是垂直交通的枢纽地带，在人们的视觉中占有相当的比例。因此，我们精心组织了设计，从电梯、门套、地面材质、墙面的装饰、吊顶的符号及细微之处无不体现着设计者的匠心独运。墙面以罗马洞石与不锈钢电梯门套相结合，运用点线面的穿插，以泰克斯透光材料局部吊顶，营造过渡空间的空间氛围。

4.标准层走廊：标准层走廊空间的造型与色彩，延续了建筑的整体风格，墙面与地面大面

景，创造了独特的办公环境。

7.休闲区：顶部采用铝合金挂板装饰，更能保持异形空间的完整统一，墙面整体采用米色大理石，使狭小的空间明亮宽敞，局部用雕刻造型墙面，圆形的包柱和时尚现代的圆形吊灯相呼应，使空间富于变化，休闲沙发，良好的采光、宽阔的视野，给员工带来洁净、舒适。

8.三层视频会议室：为充分满足视频会议室的功能及使用率高等特点，设计师把空间平面调整成了梯形，有效提高了使用面积。顶部采用椭圆造型与主会议桌相呼应，使空间有凝聚感。墙面采用吸音织物硬包，结合木饰面，给参加会议者更具亲和力。墙中部做挂图处理，打破了墙体的狭长感。而背面采用中石油标识做背景，更显会议室的庄重、大气。

9.圆桌会议室：以圆形会议桌为中心，圆形吊顶结合特制的吊灯相映成趣。立面上木饰面、软包相结合运用，创造一种有序简洁的会议空间。浅色的硬包与深色的木饰面在灯光的作用下，高雅而又富理性。

积的米色洞石配以深米色石材、顶面、地面的形式贯穿了整个建筑空间，使其保持了空间的延续性。功能上，在墙面一侧设置了宣传栏，充实了空间的内涵。导视系统的设置增强了区域的功能性。空间的右侧是办公区域，半通透的玻璃隔墙与木饰面相结合的隔断，使通道明亮而富有变化，达到干炼、简洁。

5.生产指挥中心：生产指挥中心在建筑空间现有的基础上，空间布局进行了合理划分，指挥中心主墙面功能上具有大型的显示屏，以及墙面的吸音木饰面和玻璃隔断。地面是大理石与地毯相结合，顶面以铝挂片，铝板为局部吊顶造型，以简约现代的形式塑造整个空间，体现建筑的秩序美和庄重感，来营造一个高效、理性的指挥大厅。

6.标准层共享空间：中厅的共享空间是建筑师留给室内的一抹亮色，我们在这设计了休息区域，为办公及会客提供了休息场所，休息区主板面与共享层相呼应，沟通了空间的上下关系，整个中厅配以艺术雕刻暖色的共享空间，以及绿化的点缀，营造自然人文的和谐空间，两侧的办公区采用半通透玻璃隔断，使中厅与办公室相互借

C2_大堂接待台；C3_走廊；C4_会议室；C5_员工办公室

C1_建筑外观

03/ 某建筑装饰公司

项目名称： 某建筑装饰公司
项目地址： 广东广州

　　本案采用了岭南民居风格与现代简约风格相映成趣的空间设计手法，既满足了办公功能，又富有浓郁的岭南文化底蕴。大型喷绘建筑设计图纸装饰的工作间墙面，钢结构楼梯，简约的现代办公家具，组成了现代、时尚的办公空间。

　　红砖与碎石的垒砌，形成一件超越空间功能本身的人工艺术品，其色彩也是整个空间的画龙点睛之笔。高低落差的空间划分，使平淡的空间富有节奏感。从设计中寻求简约，在简约中凸显文化。

C2_入口前厅；
C3_办公区

4_一层办公区；
5_楼梯；
6_二层办公区；
7_办公区全貌

04/ 人民检察院办案及专业技术用房

项目名称：吉林省人民检察院办案及专业技术用房
项目地点：吉林长春

  检察院是法制社会的一个重要组成部分，一直以来在人们的心目中就占有特殊地位，作为检察院的物质载体，这座占地42906平方米的办公大楼具有独特的双重性。一方面要使遵纪守法的市民觉得公正严明、大气庄重；另一方面要令不法分子觉得铁面无私、威严肃穆，从而具有扬善惩恶的庄严感。故本案以建筑物的功能特点为出发点，结合建筑结构和风格以及周围环境进行设计，采用方正的造型，较大的尺度关系，简洁有力的线条、块面的组合以及与建筑语言的回应，体现出法律是神圣不可侵犯的。充分运用点、线、面的结合，来满足人们对现代办公室提出的全新要求，在满足功能的基础上通过简洁的手法，干练的语言来展现公正严明、平凡庄严。

C1_豪华会议室；C2_大堂

C3_会议室前厅；C4_大型会议室；C5_中型会议室；C6_小型会议室

C7_院长办公室；C8_餐厅前厅休息区；C9_多功能餐厅；C10_包厢

C1_大堂效果（角度1、2）

05/ 中国航空无线电电子研究所

项目名称： 中国航空无线电电子研究所
项目地址： 江苏无锡

紫竹新所区项目建筑现代大方，楼与楼之间有良好的连贯性，与外部环境可以构筑相互交融、渗透的开放格局。现代办公楼在室内设计中具有一定复杂性，要维持一体化的感觉，在设计中尽量在实际需要及美学价值上取得平衡，又以不失设计的完整性为原则。

紫竹新所区室内设计利用几何形体的组合，以点、线、面形式来表现现代、简洁、大方的空间造型。公共区域色彩以黑、白、灰为主色调配以具有航空特点的蓝色及互补色，中性的木饰面颜色来展现室内特有的气质。装饰上以中心的空间特色，使其消失在建筑赋予的功能之后。建筑现代简洁的造型元素定义了其气质。室内设计延续了建筑的语言，并有效地将建筑的理念加以升华。特别在中庭的设计上我们真正体现"以人为本"的设计理念，强调"分享"，主张享受建筑带来的愉悦心情，减少工作的压迫感。在会议区考虑到会议场所在布局上，充分考虑到各个空间的特点，结合智能化系统、生态节能技术，合理、有效的融入到设计中，构造一个高科技的室内空间。

C2_大堂前厅；C3_旋转楼梯

C4_电梯厅；
C5_大型会议室；
C6_所长办公室1；
C7_所长办公室2

C1_1区A座中庭效果（角度1）；C2_1区A座中庭效果（角度2）

o6/ 成都611所科研楼

项目名称：成都611所科研楼
项目地址：江苏无锡

　　本工程位于成都青羊工业园六一一所新区南侧正对主入口的中心位置，科研楼由A、B、C、D、E五座卵形建筑及其弧形连接体组成。

　　A座/日厅中庭背景用蓝色的现代艺术玻璃由上至下贯穿，与中庭水景互相映衬，使空间形成整体而统一的块面感。C座/空间命名星厅，取星光璀璨之意。中庭柔曲的亚克力棒造型一直从地面延伸至观光电梯，在LED灯光的烘托下似繁星点点，让人在观光电梯的穿行中感受四维动态美感。中庭增加五座似彩色飘带的钢梯，串联起各个楼层关系，增进人们相互之间的对话，使空间更灵动。顶部采用椭圆形透光挂片，延用建筑的设计手法，弱化玻璃顶面结构支撑杆件的繁乱，让建筑语义更单纯、强烈，并能减弱阳光对中庭的照射。在阳光、挂片、阴影三者互动变化中，呈现空间美感。D座/作用体量较小的辰厅，没有观光电梯。所以我们在建筑单体的对称轴线上增加一垂直方向上的隔屏，使它与建筑三层处的空中连廊产生对话关系，同时对圆形休息区有依托之感。它的体量，以及建筑外墙式的处理手法，都使它作为中庭的一聚焦点。中庭地坪在椭圆形式中运用均衡的手法布置休息区及大面积绿化，使人在其中心情得到愉悦和放松。空中连廊地面采用夹绢玻璃，使上下空间连贯，让人在穿越中感受到趣味。

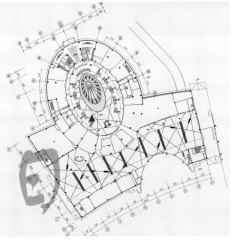

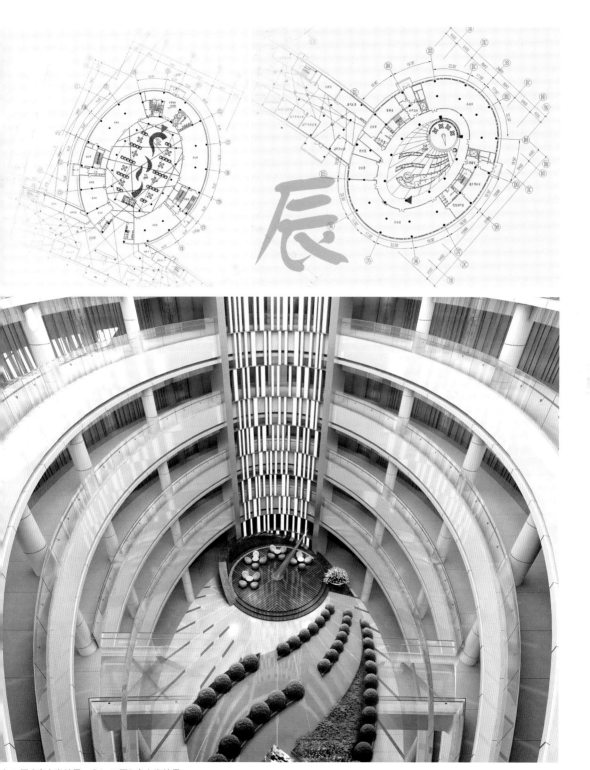

3_三区C座中庭效果；C4_三区D座中庭效果

5_一区走廊效果（角度1、2）；
6_三区走廊效果（角度1、2）

07/ 金莱克电气股份有限公司办公楼

项目名称： 金莱克电气股份有限公司办公楼
项目地址： 江苏无锡

入口大厅：整个空间比较规整，为了让空间变得更有趣些，我们让出展厅的一部分空间给大厅，两侧墙体上方的吊顶做了压低处理，再结合立面暖色的石材和木饰面的穿插使用，使得空间主次关系突出，立体而且丰富，空间感十足。简洁明了的设计手法加上温暖的材质表达了对现代生活和人性的双重关注。

普通办公室：氟碳喷涂金属框架的大玻璃隔断，突出了办公室明快的现代式气质，也为走道提供了自然采光。大条块分割的顶棚造型，极富质感的条纹矿棉板饰面，一扫往常办公空间的刻板，极具时尚感。浅灰色的地胶、浅色的家具饰面和顶棚的白色，取得了纯净柔和的配色效果。文件柜可根据办公人员的需要自由调整增减，也体现了人性化设计理念。普通会议室：在材料和里面形式相对固定的空间里，我们需要对细节投入更多的关注，以期获得比较好的空间感觉。悬空的玻璃杆在考虑美观的同时也考虑到日常管理的方便性。与大堂一脉相传的设计手法，精致细腻的吊顶造型，无疑为空间增加了一抹亮色。

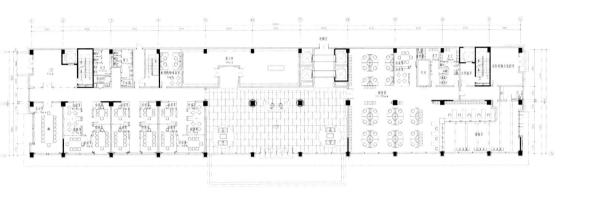

C2_电梯厅

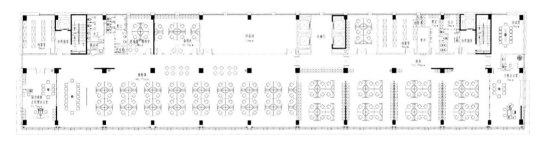

C3_员工办公室；C4_卫生间；C5_小型会议室

C6_总经理办公室；C7_豪华会客厅；C8_多功能会议室

C1_服务中心接待台

o8/ 惠山高新技术服务中心

项目名称：无锡惠山高新技术服务中心
项目地址：江苏无锡

　　惠山高新技术服务中心位于江苏无锡，其室内设计在延续了建筑主体完整的造型语言的基础上，结合现代科技装饰手法打造出了现代感极强的办公空间。

　　装饰风格上主要突出"简约"二字，空间划分简洁利落，在通透的体块中把握大气之美并不失细微处的处理。通透的大厅灵活运用点线面的搭配，划分出顶、墙、地面的色块区域。简单的木条重复排列与反射强烈的镜面结合，使空间连贯而有韵律。序列化的造型符合现代空间应有的连续节奏感。出乎意料的弧线设计是规整空间里的一个亮点，打破了通透之中的稳固，制造了轻松的氛围。

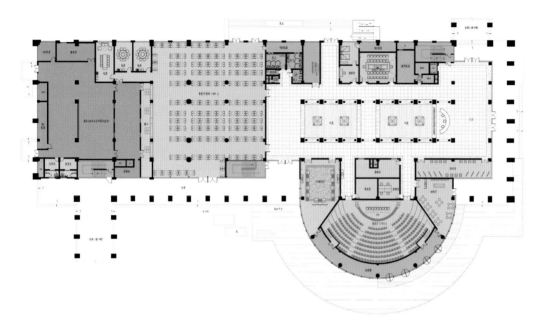

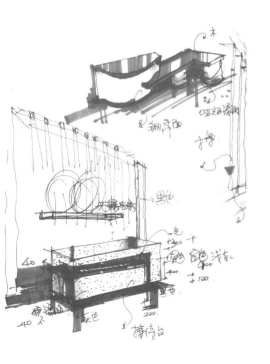

C2_服务中心大厅

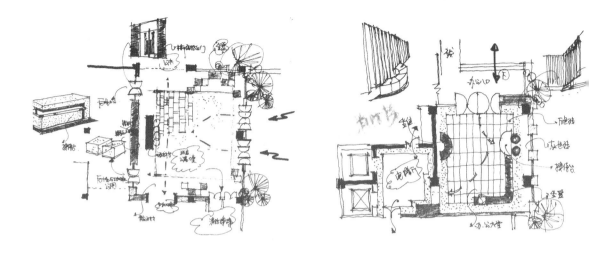

C3_服务中心大厅中庭;
C4_服务中心展厅入口大厅;
C5_服务中心展厅入口专题接待台

C6_服务中心展厅入口走廊灯带设计；C7_服务中心展厅走道；
C8_服务中心配套的酒店大堂效果；C9_服务中心配套的酒店客房效果

C1_研究院中庭

O9/ 中国建筑设计研究院办公楼

项目名称：中国建筑设计研究院办公楼
设计单位：北京筑邦建筑装饰工程有限公司

　　处理室内空间是用"城市规划"的手法处理——交通流线是"道路系统"，每一个功能单元是"单体建筑"，因而每一个建筑都有了不同的"外立面"，在其中行走犹如在城市中穿行，道路两侧的墙面造型、材质、颜色均有变化；中庭和休息区犹如城市"广场"，为人们提供一个放松和脑力激荡的空间。

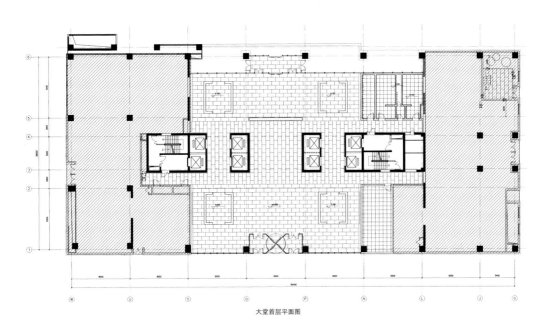

大堂首层平面图

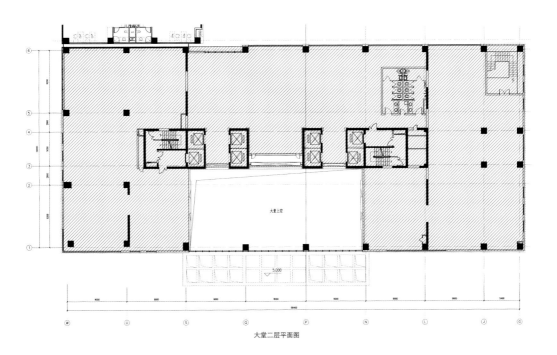

大堂二层平面图

C2_一层接待台；C3_会议室；C4_谈判室；
C5_小型报告厅；C6_大型报告厅

C7_二层接待台；C8_贵宾会客厅；
C9_总经理办公室；C10_部门经理办公室

C1_大厅视角

10/ 大发办公楼

项目名称：大发房地产开发有限公司
项目地址：江苏苏州

　　大发办公楼位于江苏苏州。现代与古典在此空间相互碰撞融合，绽放成一朵绚丽的奇葩。科学的区域划分使整个空间功能齐全，方正工整，动线分明。办公楼以黑白两个色系为主，营造了鲜明对比的视觉基调，好似一幅高雅的泼墨山水图画，正如苏州园林中的亭台楼阁，白墙灰瓦，浓淡总相宜。灰镜玻璃的大面积运用成为空间浓重的一笔，打造出厚实的体积感，突显空间的现代、冷峻。照明采用整体发光顶棚式，照度均匀无阴影，除了满足办公楼办公需要也传达出办公空间高科技、高效率的设计理念。

C2_大厅视角2

C3_大厅局部

C4_电梯厅

C1_一层大堂效果

⊔/ 上海港务大楼

项目名称：上海港务大楼
设计师：张建平

　　上海国际港务大楼是上海港国际客运中心总体工程的组成部分，大楼总建筑面积57782平方米，其中塔楼占地面积1500平方米，平面呈曲边等幅三角形，建筑南立面及东南立面采用双层呼吸幕墙，外层为"×"形铝合金框架达到美观和节能的效果。作为黄浦江畔的又一地标性建筑，业主的要求很高。无论是功能还是形象，都要求与国际相接轨，以体现企业的实力与精神。室内设计作为建筑设计的延续，力求从风格上获得统一，包括对建筑设计语言的提取和加强。同时结合企业特性的特殊元素、符号，甚至材料，在重要空间不经意中得以自然而然的流露，且新颖而独特。希望呈现给人"简约而不简单,顶级而不奢华"，并有着特定企业文化内涵的国际高标准写字楼。

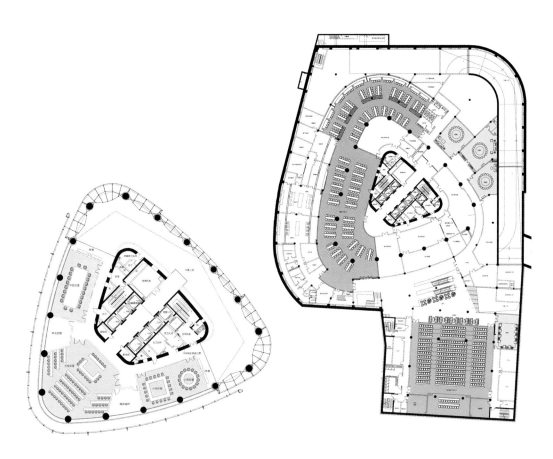

C2_地下一层报告厅

C3_一层大堂效果；
C4_领导办公室；
C5_企业家俱乐部

C1_入口走廊

12/ 上海宝矿办公楼

项目名称：上海宝矿办公楼
项目地址：上海

　　本案在设计手法上追求整齐划一。空间规划开放、流动。以透明、半透明材质勾勒出律动的线条，寻求一种空间的可能性与延展性。装修风格强调减法，并利用简单的跳跃性色彩营造出空间的层次感。灯光作为设计的重要元素，此处被最大限度的利用。门厅背景墙采用的局部照明，强调了光的变化，突出企业形象与精神理念。空间中以暖色调为主，石材、木材、哑光材料和软装饰品等的运用，表达出朴实、高效、内敛低调的企业精神内涵。

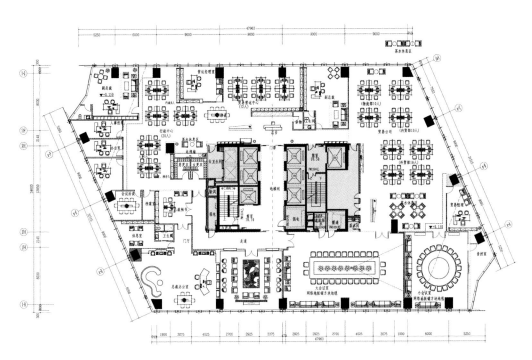

C2_入口接待区

C3_多功能报告厅

C4_豪华会客厅1；
C5_豪华会客厅2

C1_研究所大楼中庭

13/ 电子科技集团公司研究所

项目名称：电子科技集团公司第55研究所
设计单位：苏州金螳螂建筑装饰股份有限公司

　　本次设计秉承科技院所严谨作风，配以简洁、大方、庄重的室内造型。注重与建筑设计的和谐呼应，以实用美观为基础，以人文设计和文脉设计的理念为指导，以先进的技术理论为依托，力图展现建筑的本质，在满足功能的前提下，运用多种造型和装饰语汇体现科技院所的特色。

　　大接待室是设计的重点，大块面的木饰面墙板与洞石配合精致典雅的装饰线，奠定了接待室风格的优雅及高贵，由于空间较为方正，我们特地淡化了以往接待室只有一面主背景的惯例，采用了有磅礴之气的山水画作为主体，地面采用织纹麻质地毯，顶部的吊灯及室内的家具设计在满足功能性需求的同时又彰显舒适典雅和尊贵气派。

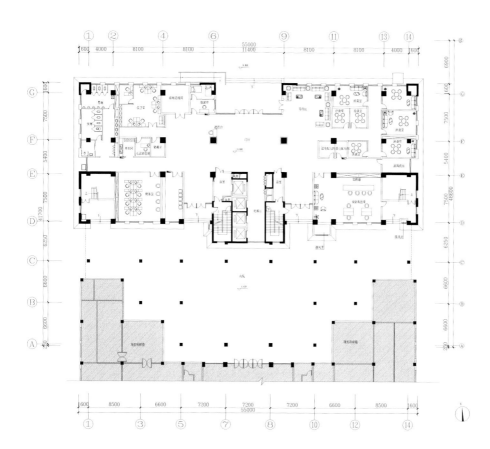

C2_入口休息区

3_接待室；
4_生产监控中心；
5_豪华会客厅；
6_小型会议室1

小型会议室2；
小型会议室3；
报告厅1；
_报告厅2

C1_大堂

14/ 凯景国际集团办公楼

项目名称：凯景国际集团办公楼
设计负责人：刘鹏；参与设计人：杨张 汤小冰 陈川

　　福建凯景国际集团是一家以经营房地产开发、房产销售、物业管理、星级酒店、娱乐会所项目为主的综合性、国际化标准和集团化管理的企业。针对项目的多元化，业主方的要求，提出现代办公会所的新理念。现代的办公场所已经不单单是作为一个工作的室内空间，而是提倡在人文结合，舒适的空间下轻松的办公。本案结合业主方的要求以及新颖的设计理念，力求打造一个舒适的办公环境。

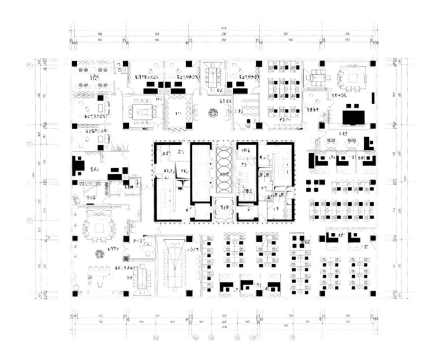

C2_大堂等候区

C3_豪华会客厅
C4_豪华会客厅
C5_会议室1;
C6_会议室2

C7_董事长办公室；
C8_总经理办公室；
C9_员工办公室；
C10_卫生间

C1_入口大堂

15/ 客运专线上海调度所

项目名称：客运专线上海调度所
设计师：洪登平

　　调度所是列车行使在各自轨道上的中央控制指挥中心，京沪客运专线的调度所选择了上海的虹桥，当今最快速度的列车穿梭在北京、上海两个国际化大都市之间，表示向世界最高层次的铁路运输业进军的决心。

　　建筑设计匠心独运的把这理念融入进了设计当中，室内设计师在对空间色彩、造型、材质的运用过程中更是把握住这一核心思想，大量运用了有色铝板、有色冲孔铝板、烤漆玻璃、毛石地面等材料，多层次的表达在这一独特空间中气质、精神上的提升。并且在特定区域的墙面设计了大幅的城市影像的图片，整体大都市的印象在室内得到了延续。

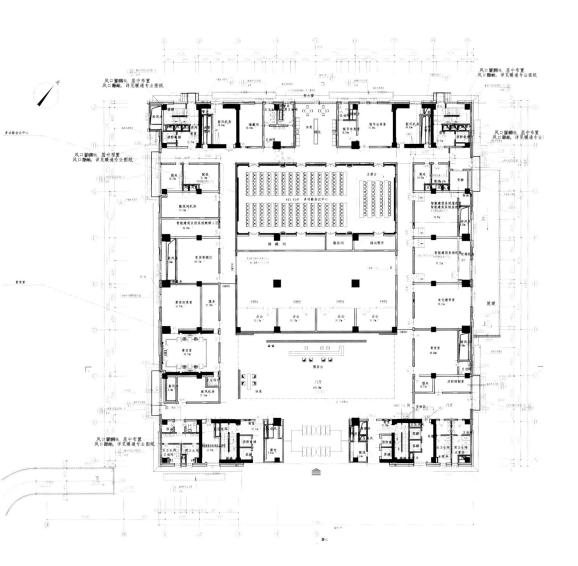

C2_电梯厅；
C3_洽谈室；
C4_会议室；
C5_卫生间

C1_1层大堂；C2_电梯厅

16/ 南通经济开发区创业中心1#

项目名称：南通经济开发区创业中心
设计师：李娴

　　本项目所在长江之口，乃是中国的门户，南通开发区又是南通的窗口，在设计思想上力求与世界接轨，在风格定位上以水为元素，在效果上力求现代、简洁、实用，在成本控制上完全遵循甲方的建议（每平米造价控制在1200元之内），设计出一个环保、美观、现代、好用的空间。

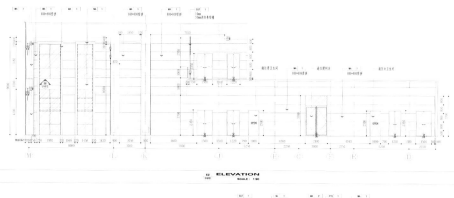

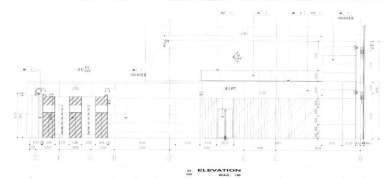

一层咖啡厅；
一层酒吧；
三层报告厅；
三层会议室

C1_一层副入

17/ 南通经济开发区创业中心3#

项目名称：南通经济开发区创业中心
设计师：李娴

　　本项目的室内设计方案为南通经济开发区管委会量身打造，力求简洁、大气、庄重、现代。由于3#楼属于半改造项目，在一、二层空间的整合上，需要把很多小的单元空间融入大堂的整体空间。因此，在柱式的排列上及空间的围合上重新赋予了新的秩序。色彩纯净，空间高旷、庄重为本案的特有气质，通过不断的用减法对空间提纯，用加法挖掘本土的文化内涵，使空间秩序与文化秩序得到了统一。

C2_一层主入口；C3_一层电梯厅

C4_一层展厅；
C5_一层员工餐厅；
C6_二层小报告厅；
C7_八层办公走廊

C1_大厅；C2_大厅另一角度；C3_大厅休息

18/ 三利装饰总公司总部办公楼

项项目名称：三利装饰总公司总部办公楼装饰工程方案
设计单位：山西三利装饰有限公司

　　本方案的建筑结构方式采用三角形形体元素延续连接组成，边角连续循环变化。室内建筑各空间之间可层层穿透，光影随形体交错变化，用几何建筑形体元素的刚和绿化植物的柔相结合，体现出建筑与自然和谐的空间语境。追求空间透明、形体元素独特、光影色彩带给空间以魅力，赋予建筑哲学精神和美学境界是本案的核心思想。主材为洞石、清玻璃、金属等。

C4_通道；
C5_会议室入口；
C6_会议室

C1_大堂主入口

19/ 苏宁电器徐庄总部

项目名称：苏宁电器徐庄总部
面积：189,068 平方米

　　本项目位于南京市玄武软件园内，总建筑面积189,068平方米，我们在着手设计之初，做了细致研究工作，细细咀嚼了苏宁企业的文化，领悟了苏宁企业的精神。该方案的设计构想是由"树"展开的。

　　"树"的意想非常贴合东方文化的特质，"根"的情结，包容的胸怀，延展的生命力。由此展开的联想有很多设计的基本格调：苏宁要做有中国特色的世界五百强，必须要有中国特色，因此我想到了稍微带点禅意的东西，诸如奥运会开幕式中的画卷等元素。首先，我们想把一楼做成概念化很强的设计，作为一种企业文化的宣传展示。主入口大厅我们做了一个"山水画卷"，投影企业发展阶段性的图片、文字，作为一个实用的艺术装置。简洁的柱子，在正面加入了中国古老的开垦工具"鹤嘴锄"，寓意着苏宁人矢志不移，持之以恒的开拓精神。还有地面，伸出一个小三角，像一个里程碑一样。一看就能知道它是山的形象，结合意向的湖面上变幻的宣传画面，是一个很实用的东西，配合服务台边上。VIP入口和主入口是连起来的，不可能分割开来，它们有一个小的共享，这棵树继续往上长，长到最顶上。

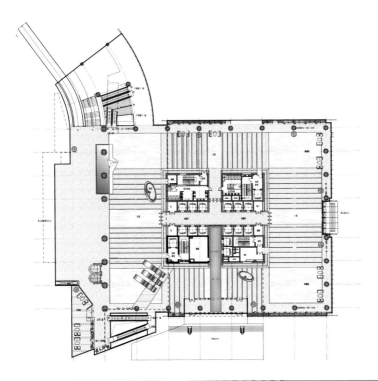

C2_VTP大堂

C3_大堂共享空间；
C4_大堂局部；
C5_大厅局部

C1_大厦入口

20/ 苏州泰峰大厦

项目名称：苏州泰峰大厦；
设计单位：苏州金螳螂建筑装饰股份有限公司

　　苏州泰峰大厦位于美丽的苏州相城区，临近相城区*CBD*，是一座*15层*的高层建筑。本建筑的功能定位于甲级写字楼，目标客户是*SOHO*办公的小型公司。

　　建筑外观非常挺拔时尚，最引人注目的是楼顶的钻石状的构架装饰结构，意寓着财富和成功。室内设计的理念也延续了建筑设计的灵魂，把这种钻石结构的图案体现在办公楼的公共空间中，使之内外形成整体，能够体现相城财富新地标的形象。在材料的使用上，以微晶砖、烤漆玻璃、灯光膜等现代材料的组合来体现现代和时尚的风格。

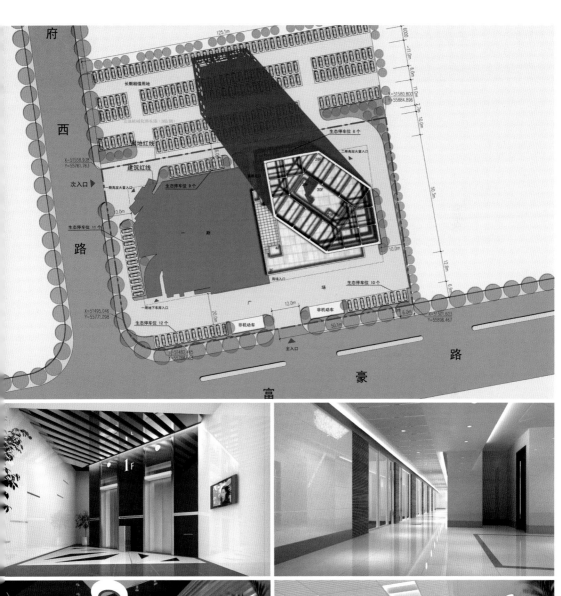

C2_电梯厅；C3_走廊；C4_办公室接待区；C5_办公空间

C1_项目夜

21/ 亚运项目

项目名称：亚运项目；
设计师：符军、林志宁、肖可可

　　本案是珠江岸边那满载亚洲人民希翼的亚运之舟，即将承载着不同国度，不同皮肤，不同语言的亚细亚儿女驶向激情四射，和谐共荣的盛会。将亚洲各国家和地区的人们相聚在同一面旗帜下，以竞技为相同的语言，在同一舞台上展现各自的激情与才华。

　　水、珠江、大海，广州、广东、亚洲和世界，和谐、人文、激情和未来……水，是孕育人类文明的摇篮；水，是和谐、力量的象征。运用水的流体形态来塑造空间，强调运动中的张力，流畅而富有变化，充满韵律，又吻合个项目建筑"亚运之舟"以水为主题的整体风格特点，既契合了和谐、绿色亚运的理念，又令整个建筑风格从外到内得到了高度的融合和提升。从传统的文化符号和地域文化特色中提炼出来的造型以及色彩均体现了主办地浓郁的文化历史、精神气质和内涵。

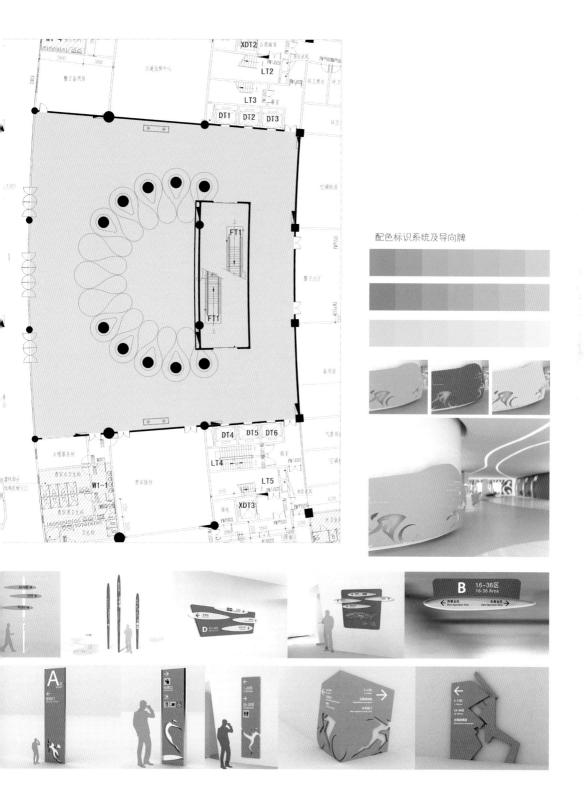

配色标识系统及导向牌

C2_项目大堂；
C3_大堂局部角度1；
C3_大堂局部角度2

C4_一楼贵宾入口大厅角度1；
C5_一楼贵宾入口大厅角度2；
C6_入口电梯厅；
C7_电梯厅局部；
C8_贵宾会客厅；
C9_从二楼看贵宾接待台

_贵宾会客厅；
_餐厅；
_贵-宾接待室；
_卫生间

C1_物质公司入口；C2_入口门厅

22/ 电力物资总公司写字楼

项目名称：广东省电力物资总公司写字楼
设计师：林波、刘汉洁、卢启钧、周凯

广东省电力物资总公司系广电集团下属物资管理服务的重要部门。设计对业主办公空间的理解是："一个综合现代化的办公空间，展现企业新形象"。要求美观与实用统一：平面布局理性，功能完备，有发展空间；造型简约现代。

总体布局：省电力物资总公司新写字楼平面呈"回"字型布局，建筑面积约3000平方米，设有接待厅、餐厅、办公室、会议室及其他办公配套空间。平面布局外围是办公室；中央部分是会议室，这样布局既可以满足办公室自然采光及通风的要求，又可以较好地处理会议室的隔音问题。家具平面摆设强调理性、简约，留有发展空间。这样有利于智能化综合布线，可满足企业发展后对办公空间新的要求。

办公家具摆设强调理性简洁及有序。①从使用功能上简化人流路线，减少交通面积，增大有效办公面积。②方便智能化综合布线，简化线路走向，为以后设备线路调整及维护带来最大的方便，以满足业主持续发展的办公要求。

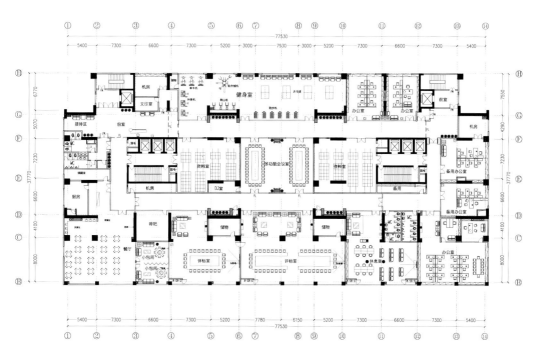

_报告厅；C4_会议室；C5_员工办公室；C6_卫生间

C1_外立面；C2_入口接待台

23/ 渤海银行广州分行

项目名称：渤海银行广州分行
设计师：何均胜

  方案要在理解原有建筑空间功能的基础上，对之进行重构和深化，塑造出现代的、具有几何特征的室内空间，要在纯净的空间界面上取得丰富外在形似与内在文化的联系，优化整个室内的空间品质。在今天日益市场化的金融业，树立良好的信用形象、提供优质的服务、抢夺深具实力的城市市场，都是各大银行的战略重点和目标。因此本项目旨在体现一种现代意识、超前理念、高效优秀的服务和走在前沿的金融形象，并与城市文脉及生活节奏相吻合。

  一层营业大堂：结合银行的具体功能，遵循以人为本的设计原则，应用现代简约的设计手法重构建筑空间形态，运用体块的组合，化解原建筑空间的单一感、乏味感。贵宾接待室：中性偏暖的色系中，辅以深咖啡色的雍容，浅咖啡色的雅致，奠定了整体空间的尊贵、儒雅的基调。行长办公室：工艺玻璃与木材作为主要的装饰材料，在灰色的基调下，以一抹鲜明的黄色和考究的家具组合共同衬托，突出时尚而又稳重的形象。

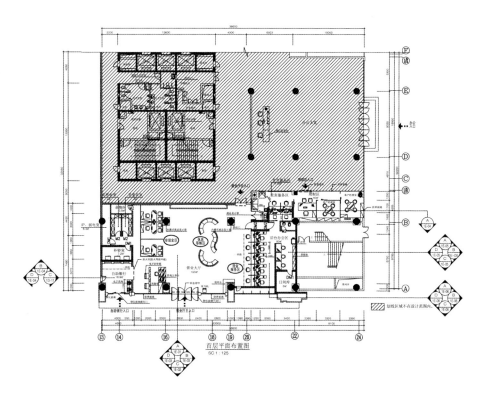

首层平面布置图
SC 1 : 125

营业厅全景；C4_顾客等候区；C5_营业大堂方案二；C6_视频会议室

C7_贵宾接待室方案一；C8_贵宾接待室方案二；
C9_贵宾接待室局部；C10_员工办公室方案一；C11_员工办公室方案二

C12_行长办公室方案一；
C13_行长办公室方案二；
C14_经理办公室方案一；
C15_经理办公室方案二；
C16_行长办公会客区；
C17_洽谈室；
C18_视频会议室

C1_首层中庭入口大堂；C2_入口角度1、

24/ 北京低碳能源研究所及专家楼

<u>项目名称：北京低碳能源研究所及专家楼</u>
<u>设计师：李珂</u>

　　建筑设计中以"林海浮岛"为设计的主导思想，体现绿色、人文、节能、环保的高科技智能空间的设计理念。室内空间作为建筑的延续和深化，我们在室内造型设计中运用相同的元素加以变化和提炼。但室内设计不仅仅是建筑的内延，也是文化体现的载体，在设计中体现华人艰苦奋斗、开拓务实、追求卓越的企业精神；精准、严细、安全、高效的管理理念；高效、节能、绿色发展的社会责任，以坚定果敢的信心继往开来，以积极进取的姿态抢抓机遇，以务求必胜的勇气迎接挑战的精神。这种理念贯穿着我们整个空间的设计和应用，从而使建筑与室内有机的结合到一起，体现了时代性与文脉相融合的精神气质特色。

　　进入科研楼首先映入眼帘的是大堂及中庭区域，方案设计严格按照建筑空间功能布局要求进行空间的划分，最大限度的利用建筑本身提供的室内空间面积，装饰上突出建筑本身的建筑美感。墙、地面沿用建筑外墙石材质感，选用白洞石作为主要材料，浅色系与建筑主体色调相结合，共同构成室内色彩基调。以简洁、明快的线条体现科学、严谨、理性的公共空间设计理念。

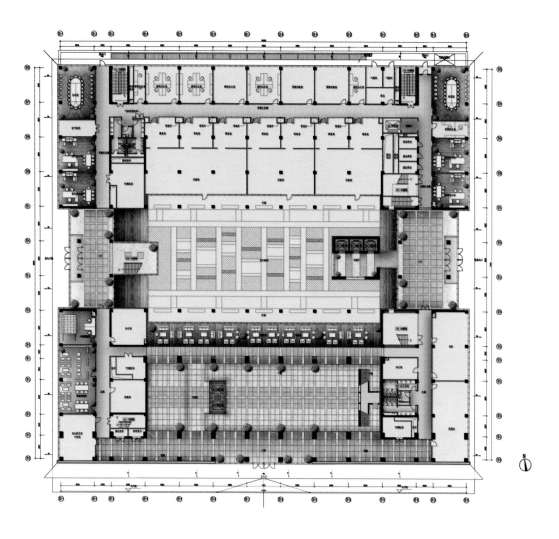

首层中庭；C4_首层中庭夜景；C5_首层中庭另一角度；C6_中庭展示区；C7_电梯厅

8_中庭休息区；
9_走廊；
10_二层会议室；
11_专家办公室

C1_大堂

25/ 永丰高科技产业基地

<u>项目名称：北京市海淀区永丰高科技产业基地</u>
<u>设计师：陈站草</u>

　　本次室内空间设计将秉承建筑的主体风格，按照设计的空间功能布局要求进行空间的划分，最大限度的利用建筑本身提供的室内空间面积，装饰上突出建筑本身的建筑美感。以科学、理性、绿色为理念，以符合功能需求、人性化为布局原则，力争达到主次空间划分合理，空间转折节点清晰，垂直水平动线流畅有序。其次在室内空间构成形式上，采取直线分割和简约的立面组合。再次，在色彩的应用上，以浅色系与建筑主体色调相结合，共同构成室内色彩基调，并重点体现企业的文化背景和企业精神。

　　本方案通过以下四方面体现设计理念：庄重：作为性质特殊性，决定装饰风格必须稳重、纯正，装修中一切从功能出发，不做无谓的装修，体现特定性质的科研单位应有的风貌。环保：材料的运用，严格遵循环保原则，体现国家级办公楼应有的品质。 节能：空间处理上，灯光的布局、空调风口的处理、照度的调控方面力求强调能耗的节约，日常运营成本的控制。文脉：室内设计是建筑的延续和深化。科研楼具备高科技的空间，并蕴含着中华传统文化的理念，整体文脉以中华瑰宝周易的阴阳相对统一为主线，在室内造型设计中运用相同的0、1的抽象元素加以变化和提炼。

C2_南门厅

C3_中庭

C4_展厅；
C5_电梯厅

6_大型会议室；C7_多媒体报告厅前厅；C8_多媒体报告厅；C9_小型会议室；C10_经理室

C1_首层电梯厅

26/ 第205医院住院部大楼

项目名称： 中国人民解放军第205医院住院部大楼
设计师： 邓明、任芹芹、史书明

　　突出部队医疗建筑特点，充分满足空间使用功能的同时，关注环境对使用主体身心状态的影响，体现环境设置对医患双方的人性化关怀。空间造型平和、大气、简洁、现代，比例适当、协调，光色柔和、自然的空间设计传达了科学、严谨的理性精神，充满着新生的希望和健康向上的积极状态，自然、舒适、温馨、恬静，体现了现代医疗建筑的时代特征，塑造了医疗建筑新的公众形象。

　　科学：着重医疗建筑的功能需求，将功能需求置于科学的设计程序系统之中，完美的实施呈现，这是美学、工艺学、经济学和艺术哲学等各学科的集中体现和升华。理念创新：经营理念、建设理念、设计理念如何统一，方向一致，共同发展，勇于创新，环保、节能、安全、务实始终如一，人性化、前瞻性、时代气息都会被代代创新，它是使医院建筑经营运行具备可持续发展的保障。人文和谐：以人为本、注重民生，创造和谐的人文环境，与其说在建设新的医疗建筑，不如说是在创建更具有时代特征的和谐环境。

　　医院建筑在规划建筑设计阶段就已经开始坚持以人为本、方便患者的原则，在满足各项功能需要的同时注重改善患者的就医条件和员工的工作条件，做到功能合理、流程科学、安全卫生、经济实用。医院建筑的室内空间装饰设计在延续建筑设计，坚持以人为本原则的同时应更深入细致的研究患者的生理、心理需求；医务人员诊断护理流程的需求；建设业主投资理念和经济指标的需求；以往成功经验实施案例的需求；使医院建筑的室内设计能真正体现其建筑内涵。

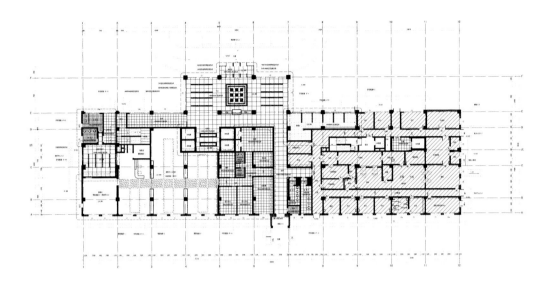

C2_入口门厅方案

C3_电梯厅；
C4_卫生间；
C5_会议室；
C6_候诊区

C7_护士站走廊方案A；C8_护士站走廊方案B；C9_透析中心方案A；C10_透析中心方案B

C1_外观效果

27/ 北富一期A栋研发中心

项目名称：北富一期A栋研发中心
设计师：董强

　　本项目坐落于北京亦庄开发区，由于原建筑只有四座楼梯，不满足建筑防火规范，因此我们在南立面的中心位置增加一座楼梯并形成主入口，成为研发中心的形象空间。沿着金属钢架楼梯盘旋而上，就可达到二层的研发中心。楼梯间也是主要入口空间，需要体现研发中心乃至企业的形象，这里主要采用一些有工业感和科技感的材料，如玻璃、钢网等，同时天然木色和植物的使用，也对自然主题起到铺垫作用。内部办公区分为围合、半围合、开敞三种空间形态。

　　联合办公区是开敞办公，领导办公、专案室为围合空间，会议室为半围合空间。开敞办公空间除了满足基本要求外，在造型的选择上也采用自然有机的形体，会议室是透明彩色玻璃椭圆形的半围合空间，从造型到材料都对大面积的开敞办公空间进行有效的对比和调剂；专案室造型比较丰富，有的是连续的波形，有的是以庭院的形式出现。庭院与景观带形成一种呼应的效果，更加丰富了空间；领导办公室也是简洁现代的风格，体现了工作的严谨性和效率性；大会议室的设计与整体设计风格相统一，木质吸音板的使用既能有效地改善空间的声学环境，同时也给使用者以亲切感。

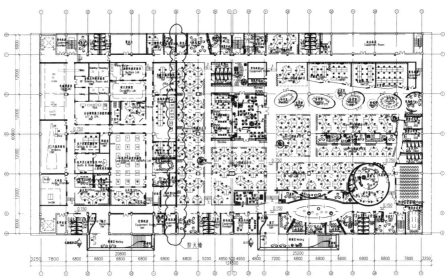

云线部分隔墙为加气混凝土砌块防火墙

二层总平面布置图 1:300

C3_办公室走廊；
C4_办公室；
C5_会议室；
C6_院内景观

C1_总裁办公室

28/ 鸿隆世纪广场办公展示样板间

项目名称：鸿隆世纪广场办公展示样板间
面积：503平方米

　　投资公司向来被人们认为是服务于高端客户的专业机构，所以室内设计必须以专业的水准和经验，为其塑造一个自信和值得信赖的形象。

　　整个空间503平方米，设计师抛弃了常见的对空间的切割方式，甚至经理室也没有封闭起来，而是保持了整个空间的开敞与流动，表达了投资公司开放、自信的从业态度。在充分考虑客户的功能需求的情况下，设计师主要通过对天花、墙面、地面的造型和材料的不同处理和选择使各功能区自然区分开来，形成相对独立的使用空间。

　　总之，整个空间设计强调结构美感与序列感，局部饰品的运用既体现了现代、时尚的审美情趣，也散发出自然的意境，起到了"画龙点睛"的作用。

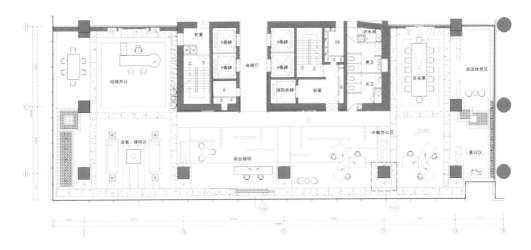

C2_会议区角度1；C3_会议区角度2

C1_大堂；C2_设计部；C3_大会议

29/ 联永工程公司办公楼

工程名称：增城联永工程有限公司办公楼
设计单位：广州众意装饰设计工程有限公司

　　本设计的艺术风格以简约、时尚的手法，体现办公空间的高档舒适，色调是黄金对比色，整体合理布局，直观视觉的体验，让人有一种美妙非凡之感。

　　本案首先考虑的是整体色调，以黑、白、灰为主线，贯穿办公楼的所有空间，白色的地面、白色天花为主色，办公家具以灰色调为主线，木门、电器、包柱、地脚线以深色调为主线。光源主要是白天工作以自然光为主，层次效果隐光源是为装饰空间而设计，它的光源使得办公人员在室内工作的气氛活跃而又有不同的面与块的存在，所以整体造型在灯光的层次以面、块为主，使人感到有体积感和重量感。

C4_中会议室；C5_副经理室；C6_经理室

C1_门厅角度1；C2_门厅角度2；C3_走廊

30/ 南京烟草物流配送中心

项目名称：南京烟草物流配送中心室内装饰工程
设计单位：苏州苏明装饰有限公司

　　该项目地处工业区与住宅区的交界地块，总建筑面积为2万平方米，框架结构，防火等级为一级，工程造价为1630万元。物流配送中心是展示烟草行业形象的窗口之一，为体现现代流通企业的风貌，从功能出发营造出一个现代明快的人性空间，针对展示效果表达出一个在科学的管理上有序发展，同时活力向上的现代企业形象。南京烟草物流配送中心在内部设计上充分考虑现代化、环保化、智能化、节能化，力求美观、明快、大方并具时代感、现代感和超前意识，独具现代烟草企业特色。

C4_会客室；
C5_会议室；
C6_主任办公室

C1_大堂

31/ 内蒙古银行办公楼

<u>项目名称</u>：内蒙古银行办公楼
<u>设计师</u>：韩居峰

    当今企业办公环境是在世界经济一体化的发展趋势下，东西方文化的交融与现代企业文化的国际化，这些因素都影响着办公环境的室内设计风格。高效的企业管理与办公科技、数字科技的应用，使现代办公室成为高科技的复合体。但是，在今后的企业文化中，对人性尊重变得越来越重要，因此，办公空间设计一定要强调人性的概念，这里重点是在办公空间精神的营造上体现企业形象与对人性的尊重，文化的体现。

    我们在对建筑主体进行分析后，对办公大楼的建筑形象、公共大堂与公共走道的室内设计风格做了全面的分析，对开敞办公室与相关的会议室及休闲区域室内方案的设计进行定位，要使室内设计的风格与整个建筑有内在的精神元素，并结合建筑院的外观与大堂的造型中抽取出造型元素与材料元素，并体现银行的形象。我们力求利用隔墙、构件与透明金属隔断的奇妙空间的铰链，使之造成空间连续景观的断裂与转换，室内景观与交通流线的排列性与分离，使空间片断充满艺术想象。

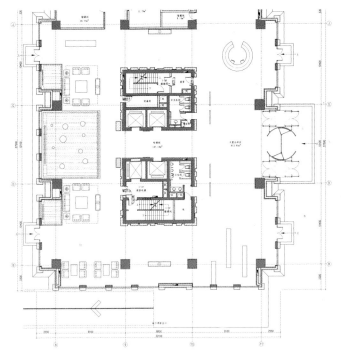

2-F1平面布局图　1:120

C2_大堂走廊

3_大堂吧角度1;
4_大堂吧角度2;
5_电梯厅

C6_专业会议室；
C7_大会议室；

C8_贵宾接待室；
C9_酒廊

C1_大厅；C2_标准层门厅

32/ 金银湖办公基地

项目名称： 湖北省电力勘测设计院金银湖办公基地
设计师： 严斌

　　在一个清晰的设计理念和有力的线条引导下对不同的空间进行了分类创意，使整个设计效果既富于变化又完整统一，并从照明、声学、环保三个方面整体考虑空间的实用性和美观性，力求塑造一个热情洋溢的办公空间，一个使员工能充分发挥创造力和想象力的现代化办公环境。

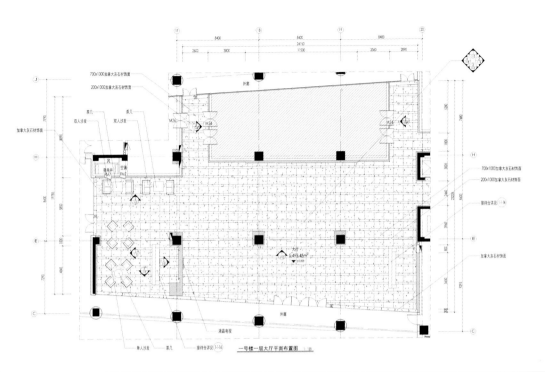

一号楼一层大厅平面布置图

C3_附楼门厅；
C4_电梯厅；
C5_行政层门厅；
C6_标准层景观露台

C7_多功能厅角度1；C8_多功能厅角度2；C9_会议室；C10_休息茶吧

C1_电梯厅；C2_贵宾接待

33/ 中国对外文化集团

项目名称： 中国对外文化集团
设计师： 陈东辉、李薇、吕强

　　在北京东二环的黄金地带，坐落着一个5A级的写字间，这就是新落成的居然大厦。核心的地理位置和高档的基础设施以及时尚前卫的建筑外观都能体现这里业主尊贵的身份。大厦最重要的楼层就是我们这次设计的项目，即中国对外文化集团公司、中演票务通公司、中演演出院线公司办公室室内装修工程。设计中我们秉承时尚的建筑风格，将现代的开放式办公理念引入设计中。在满足空间实际功能的基础上，力求简洁。设计中严格按照国家对高层建筑的防火要求。材料的选择上全部采用环保的新型施工材料，将设计的实用性及时尚性表现到极致。考虑到空间的建筑特点，管道等设施比较多，我们将顶棚的设计更多的采用可拆卸的顶棚，这样更加有利于检修。在开敞办公的设计中，考虑将自然光和灯光有机的结合使用，使空间避免光污染，同时还能保证节约能源。色彩和造型上用简洁明快的线条和造型勾勒出各个部门的功能分区，视觉上有明确的指引作用。合理的工位布置，使空间利用率大大的提高。在其他重点空间的设计上，我们更多的体现了集团文化，让整体气氛符合集团的定位，形成更好的对外展示的"窗口"。

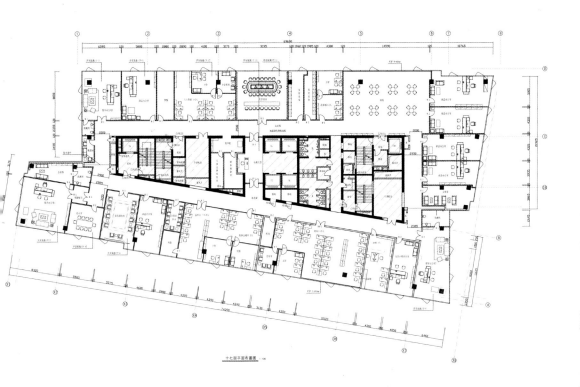

十七层平面布置图

C3_走廊角度1、2；C4_开敞办公区；C5_经理办公室；C6_多功能会议室1；C7_多功能会议室2

34/ 远浩船务有限公司

项目地点：南京市河西新城江东中路联强大厦23楼
设计师：韩加兴

　　设计方案对平面布局进行优化和创造：弧形墙体的修饰既呼应LOGO中的圆弧又使空间圆润。我们把平面的公共空间界定为4个情景，连成一个圆满的话剧：入口门厅——对公司初步印象；商务洽谈区——海洋风情；休闲水吧区——海滩风景；会议室——船务演绎历史。

　　通过设定这4个场景来营造立体的空间氛围：门厅是"远浩号"货轮的写意，有舷窗、船模等；洽谈区海洋风情是大海内各种可爱生物的马赛克海报和仿生漂浮的水母灯；休闲岛海滩风景是在休闲沙滩上遮阳看大海的情景营造；会议室船务演绎历史则是对船务文化的宣传和文化传承，提升公司的整体历史积淀。

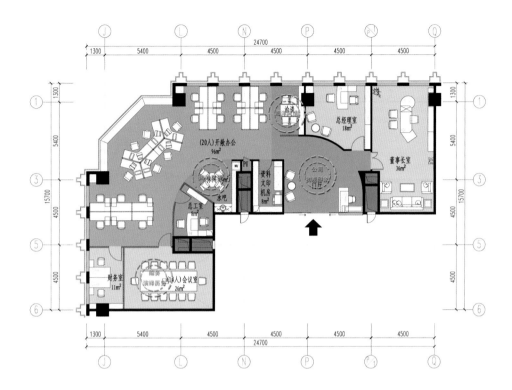

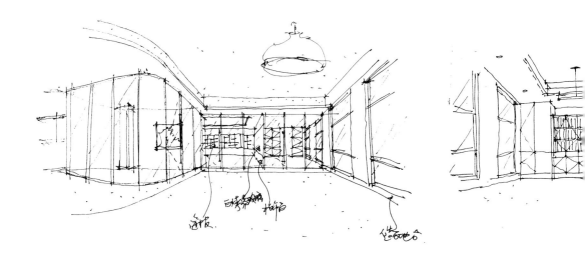

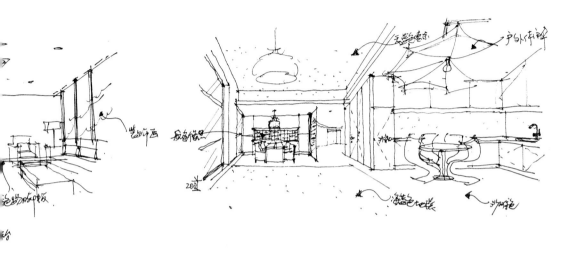

C3_办公区角度（1、2）

C1_一层营业大厅

35/ 科技农业商业银行办公楼

项目名称：合肥科技农业商业银行办公楼装饰工程设计
设计师：曲建；设计单位：安徽艺源建筑艺术设计有限责任公司

通过对合肥科技农村商业银行历史的解读，设计者领悟了其"立足科技"、"立足社区"的服务宗旨和明确的市场定位。因此，在设计中突出体现"科技、服务、创新、合作"的行业特性；坚持"发掘新徽派文化元素、坚持可持续发展"的设计理念；本着"节约、安全、使用、美观、大方、环保、节能"的宗旨，提倡采用"先进技术、先进设备、先进工艺"的精神。

该建筑平面形态类似等腰三角型。一、二层为银行的营业大厅及进入建筑的2个门厅，三层为计算机中心，四层为清算中心，五层为职工餐厅，六层委会一层，七~十二层和 十八~二十四层为普通办公层，十三层为档案室，十四层为职工活动中心，十五层为高级领导办公层，十六层为董事长、行长办公层，十七层为培训教室层，二十五层为多功能厅。设计者依据空间的具体形态，结合每层的功能要求，从本地区文化出发，不是回到过去，而是对物体根源以及利用价值进行回溯，通过借助视觉规则、发展的角度来表达创造性。根据建筑及自然环境的特殊性，因地制宜的设计相应的空间构成形态及技术。

C3_一层营业大厅；
C4_一层银行办公厅；
C5_手绘表现；
C6_二层营业厅

C7_电梯厅；
C8_员工餐厅；
C9_16层等候区；
C10_办公区走廊；
C11_贵宾接待室

C1_共享大厅角度1；C2_共享中庭

36/ 任兴商务中心

<u>项目名称: 济宁任兴商务中心</u>
<u>项目地址: 山东济宁</u>

　　整个室内公共部分的设计风格应具有外观标志性印象并与建筑设计风格保持一致，并是建筑设计的细化和升华，体现出庄重严谨，含蓄大方，同时体现出人文舒适型，做的对内形象性、对外吸引性，建造出当下时代政府新形象，继续深入传达建筑对公众的欢迎。

　　现代性：作为现代建筑，功能的适用性、设施的现代化是第一要务；整体性：从宏观的角度出发，思考整体的设计；独特性：有个性的设计，独特的地理气候条件、文化传统、习俗以及建筑本身的特性。

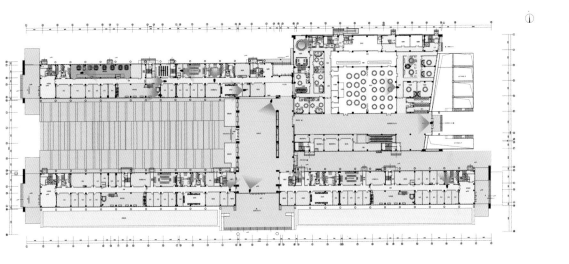

C3_共享大厅角度2；C4_电梯厅

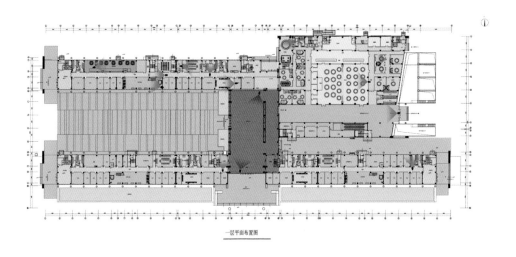

一层平面布置图

C4_会议室；
C5_宴会厅；
C6_大包间

*C7*_接待室；*C8*_会议室；
*C9*_共享会见室；*C10*_开敞办公室；*C11*_洗手间；
*C12*_领导办公及休息室

C1_首层营业大厅角度1；C2_首层营业大厅角度

37/ 石家庄中银广场A座

<u>项目名称：石家庄中银广场A座</u>
<u>项目地址：河北石家庄</u>

石家庄中银广场A座的营业大厅的装饰设计重点在于：一是顶部结构的藻井式采光结构，使空间更富有上升感；二是地面简洁大气，再铺与中行建筑特有的形式作为铺地；三是两部观光电梯是该建筑的亮点；四是业务洽谈区域。

办公门厅是银行自用办公楼的交通厅，通过天花的不同处理形式，很鲜明地将大厅定义为自用办公门厅空间性质。同时电梯厅门套口的处理，突出了银行内部办公的提升性标志。

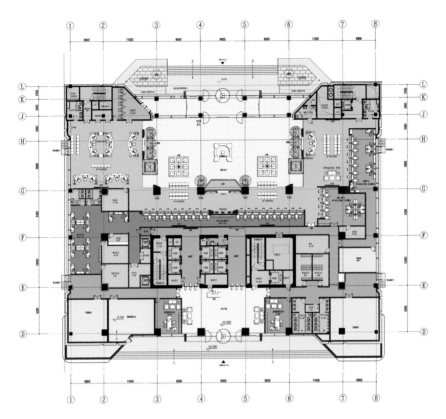

通透的营业大厅；
首层开放柜台区；
二层营业部理财区

6_大会议室；
7_贵宾休息区；
8_高管餐厅；
9_自助餐厅

C10_30人会议室；C11_标准层洽谈室；C12_行长办公室；C13_副行长办公室

C1_大厅效果；C2_电梯间

38/ 徐州医学院附属医院

项目名称：徐州医学院附属医院病房楼
面积：10.5万平方米

　　徐州医学院附属医院病房楼建筑面积约10.5万平方米，地上22层，地下3层，室内设计包括地上除医技用房的所有部分。

　　医疗建筑室内空间环境有其特殊的设计内涵，如何体现时代感与特有的空间形式属性，展现时代、高效、洁净与人情化的效果，成为现代医疗建筑室内空间形式创造的重要方面。通过对徐州医学院附属医院病房楼的全面分析，提出了设计的4个要素。

　　功能要求：细化医院内部功能，理顺工作流程，从根本上解决设计的基础问题；材料选择：符合环保要求，易保洁不隐藏污垢、视觉形式简洁大方；色彩的搭配：中性浅色为主，局部小面积运用象征生命健康的高纯度颜色；光的运用：审慎地选择和运用灯具和光源，形成医疗建筑室内环境的良好氛围。

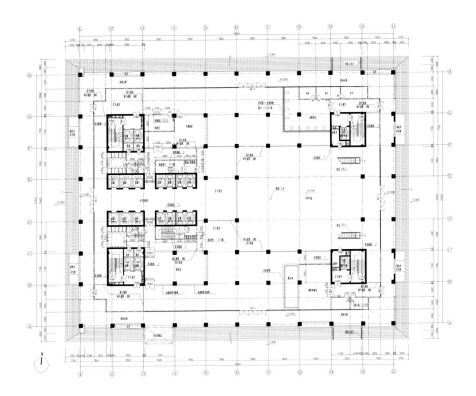

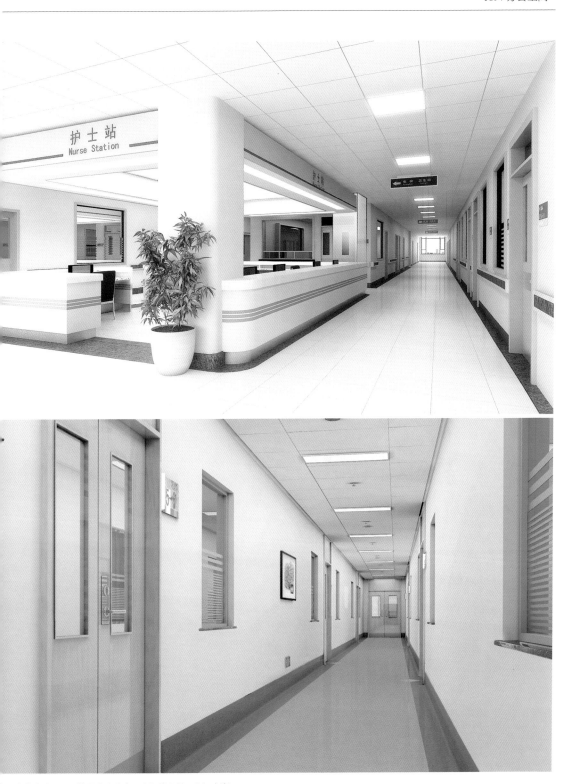

C3_大会议室；C4_院周会会议室；C5_护士站；C6_走廊

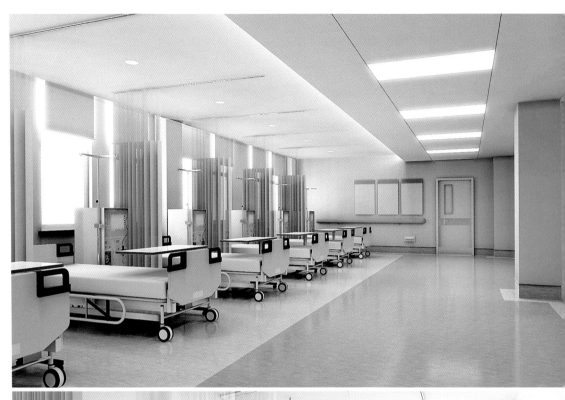

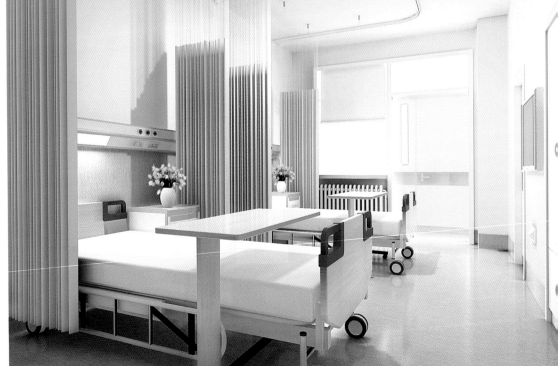

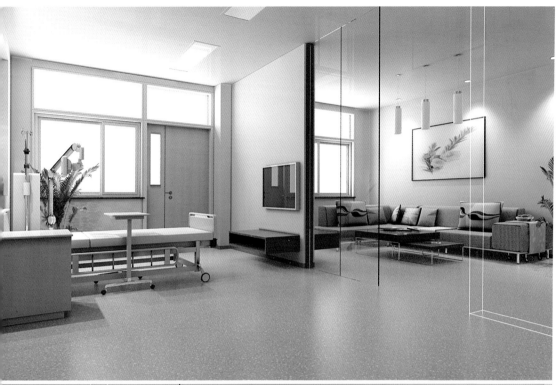

C7_透析病房；C8_病房效果；C9_VIP病房角度1；C10_VIP病房角度2

39/ 复星集团总部

项目名称：复星集团总部
设计师：黄晓宇；工作单位：北京海盟装饰工程有限公司

　　本项目为复星集团华北总部办公室，地处北京东大桥原世华大厦31层，建筑面积约5 000平方米，建筑结构为框架结构，防火等级为一级。本项目主要对一些公共主题功能空间进行了全方位的设计，前厅和休息区域是本项目的重点，使用材料包括洞石、威尼漆、机刨石等，疏密相间、错落有致，空间的构成关系本身就形成了一种美感。

C4_咖啡厅；
C5_贵宾室；
C6_会议室；
C7_高层会议室

C1_大堂；C2_大堂电梯厅

40/ 武汉建筑设计院科技大楼

项目名称：武汉建筑设计院科技大楼
面积：23945.6平方米

整体空间以现代化的标准全新设计，设计者赋予整体空间明快、朴素、简洁、大方的效果，并准确把握各个空间功能的特色，运用现代的设计手法，通过精心设计搭配来体现其美学价值，力求以最简洁的材质组合，达到最强烈的视觉效果，使整体设计富有现代气息。在结构造型方面，设计者从多视角开拓、立意创新，充分考虑到造型的组合，线与面的穿插关系，各部分比例合理。用材考究，富有现代气息，注重对材质和结构造型的把握，尽可能多的使用现代而又高雅的优质材料，构造上追求合理和美观性，重点在结构与装饰之间的协调关系上，无论是整体效果还是细部表现上都更显精细。

在材料运用方面，主要运用深浅灰色调的花岗岩与玻化砖、红洞石材、铝板材料、木质吸音板等材料，使空间整体层现出高雅、稳重的环境氛围；在彩色运用方面，为了凸显办公环境的大气、稳重感，注重运用暖色调的温馨感受以及冷色调的沉稳、清新感，主要运用不同深浅色调的灰色材料来表现空间的层次感，结合其他材料的搭配运用，令空间整体更显通透明快，也赋予了空间环境轻松、舒畅的环境氛围。

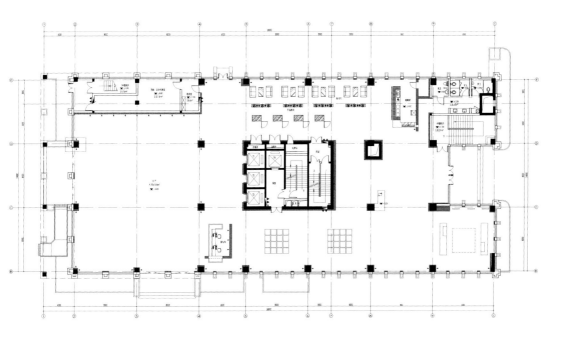

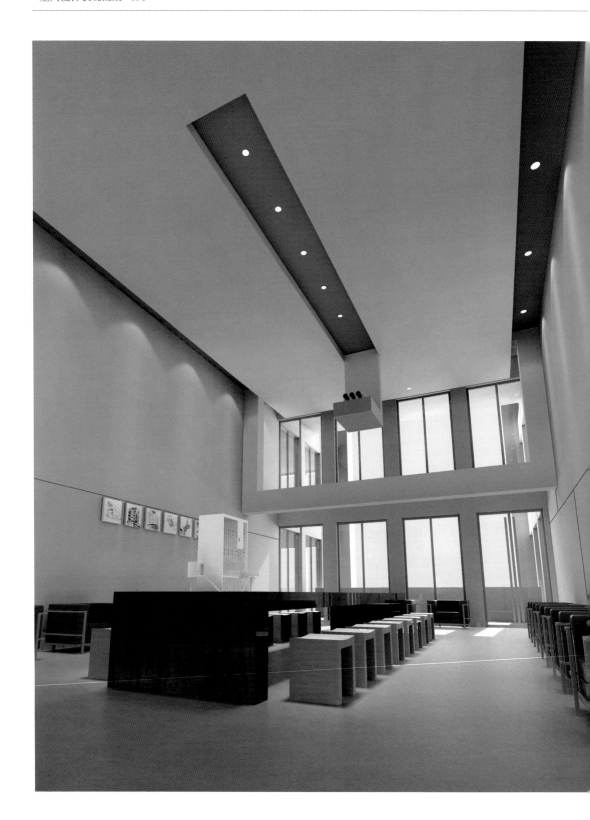

C3_建筑师沙龙；
C4_接待厅视角1；
C5_接待厅视角2

C6_多功能厅；
C7_开敞办公室；
C8_会议室；
C9_报告厅视角

C1_大厅；C2_大厅休息区；C3_大厅酒吧

41/ 步步高办公空间

项目名称：步步高办公空间
设计单位：深圳瑞和装饰工程有限公司

　　本方案为现代、简洁、弱对比，色调为浅色暖调，旨在营造一个轻松舒适温馨的公共空间。

　　本大堂空间分为三个区域：服务台区，等候休息区，咖啡区。咖啡区和大堂通过一线形门套造型自然分割，增加空间情趣及活力，地面及楼梯为户外实木地板，楼梯下方加入流水喷泉同时增加大叶绿化植物，使空间有动有静，增加空间层次为客人及员工营造一个优雅休闲空间，使之宾至如归、使之爱厂如家，增加企业魅力。大堂正立面采用内外磨砂图案，将光线引入到二层，并通过柱子造型巧妙分割来增加大堂的美观，突出简洁主题。天花四周为石膏板造型，中间为浅色木条纹。地面拼花新颖时尚，与整体空间气质相符。服务台区将现场扩大增加该部分使用面积，同时把原有咖啡厅移到大厅内，使服务台区变成一个独立区域。服务台造型简洁具有鲜明个性，顶部及墙面造型为白色云石灯片，背景为石材雕刻抽象树林图案代表活力，寓意公司绿色主题，事业蒸蒸日上。休息区运用更加人性化的园林设计手法，采用了三面石材合围的岛型做法，形成独立的休息区，同时又增加了流水与瀑布造型，大胆新颖，室内充满生机，使来访客人置身于一个自然有声的状态，增添温馨舒适感，体现公司的大度胸怀。

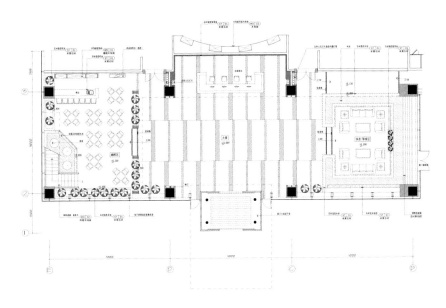

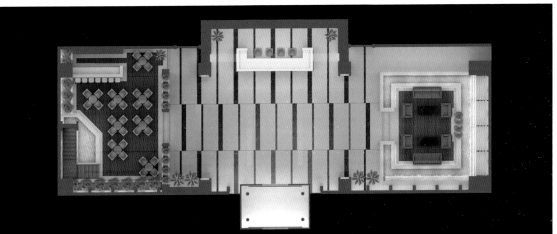

C1_大堂角度1；C2_大堂角度2

42/ 华夏海朗科技园办公楼

项目名称：华夏海朗科技园办公楼
建筑面积：10,000平方米

　　华夏海朗科技园办公楼作为中国知名环保公司—朗坤集团办公场地，我们设计不仅考虑到甲方的使用功能，而且努力为甲方提供一个提升企业品牌形象的新型办公空间。

　　本项目总建筑面积为10,000平方米，一层为大堂，担负着集团接待、休息功能，其他楼层办公配套，十一~十三层为集团办公空间。

　　在设计理念上，最大限度的利用建筑本身提供的室内空间，充分考虑企业发展的前瞻性和施工技术先进性，希望通过空间合理布局，动线的组织规划，色彩、照明及材料的合理控制，并以科学、理性、符合功能需求、人性化为布局原则，力争达到主次空间划分合理，空间转折明晰，动线流畅有序。

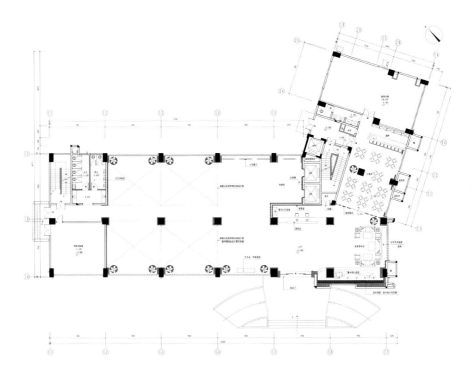

C3_董事长会议区；C4_董事长会客区；C5_董事长办公

C1_园区广场；C2_办公小区

43/ 凤凰•创意国际

项目名称：凤凰•创意国际文化创意产业园
设计师：严林奇

　　凤凰•创意国际是杭州市政府十大文化创意产业园区之一。项目原为双流水泥厂，是个报废的工业厂房。原计划完全拆除，但发现该建筑很有特色，因此将其重新设计利用，这不仅解决了建筑垃圾的环保问题，同时也是社会经济发展的印记，很有历史价值。

　　该园区将打造成为集创意产业办公、创意产品展览展示、时尚消费与休闲等为一体的时尚新地标。园区将水泥厂特有的筒形建筑和中空框架结构横向贯通和组合，形成独一无二的方圆组合空间，构成筒形建筑层高5-7米不等的超LOFT空间；完整保留水泥厂生活区依山而建的梯度式建筑形态，结合妙趣横生的庭院和阶梯式道路，形成围合或半围合的院落式现代田园办公空间；保留原水泥生产线中的空中传输通道，以此连接园区不同建筑群，形成俯瞰全区的艺术情景长廊和空中观光线，作为艺术展示和创作办公的场所。

　　此外，园区内除原有500平方米、层高11米的独立展览中心、多处100-200平方米的展览空间、面积达1500平方米的空中长廊外，园区大部分物业的底层将改造成展览展示空间，形成了开放式的"灰空间"，充分利用了园区的绿化环境，形成了一个个性鲜明的现代创意空间。

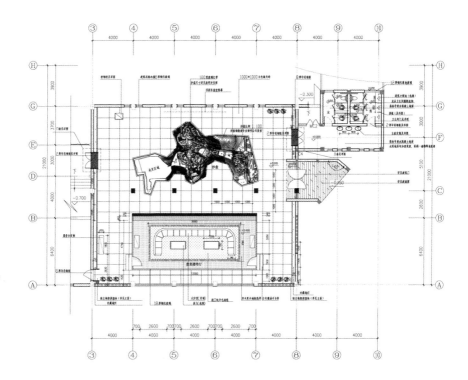

C4_接待区；
C4_沙盘区；
C5_展厅1；
C6_展厅2；
C7_展厅3；
C8_展厅4；

C1_入口；C2_会客区

44/ 富士康A栋研发中心

<u>项目名称</u>：富士康A栋研发中心（二期）
<u>设计师</u>：董强、刘立洋、霍丹、杨蔚然

　　本方案借用庭院的概念，将自然元素引入到内部空间中，"绿色、自然、快乐、工作"是我们的设计主题。总平面分为三个工作大区，处于分界线的椭圆球体既起到边界的划分作用，其本身又成为专案室的办公空间。由于采用膜结构，所以从造型上看，像巨大的发光灯笼，形成空间的亮点。

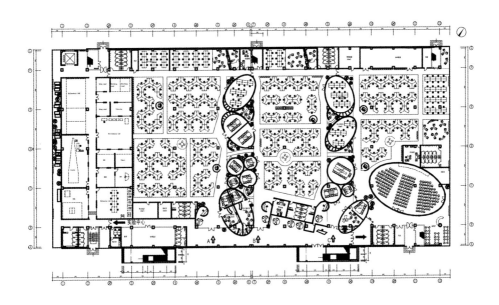

C3_走道；
C4_办公接待台；
C5_办公区

C1_入口走廊

45/ 易合空间办公空间

项目名称：易合空间办公空间
设计师：韩居峰

　　办公空间设计，体现一家公司的企业形象，并为员工提供良好的工作环境。以往大多数的办公空间设计往往是通过购置大量材料和全新的家具来营造空间。然而易合空间办公室，以不同的方式构建了一处舒适，优雅，令人惊喜的办公区域。

　　易合空间办公室是一个富有灵活创意的室内设计工作室，我们的目标是设计富有智能的空间，并给人深刻的印象。空间是创作的主题，同时我们也很擅长把握细节，我们根据概念，阐明构思，直指事物的核心，摒除设计理念无关的元素，以保证它的纯粹。我们与客户的沟通通常采取开放的态度，而不仅仅沉浸于自己的创作思维。易合空间办公室追求一种形式的设计，在这个空间中我们接受形式大于内涵的审美取向。以白色来营造优雅，时尚，富有冲击力的室内效果。

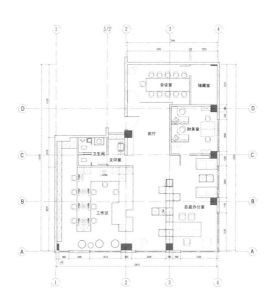

C2_入口；
C3_办公区域；
C4_办公区视角1；
C5_办公区视角2

C1_入口接待台

46/ 南水北调中线调度中心大楼

项目名称：南水北调中线调度中心大楼内部装饰
设计单位：北京筑邦建筑装饰工程有限公司

　　南水北调工程是解决我国北方地区水资源短缺问题的特大基础设施项目，我国水资源在空间上的分布非常不均匀，南北相差太大，水资源的合理配置成为我国经济发展面临的基本问题。因此，我们在室内公共空间部分应体现出水在人民生活和社会发展中的重要性，以水为设计理念，在空间中营造水的氛围，用水作为主要装饰手段装饰空间，空间氛围应当以纯洁、剔透为主。

　　南水北调工程是关系到国计民生和经济发展的关键性工程，设计风格应体现明确的地域特色，能反映东方精神，在现代简洁的建筑构架中融入中国传统的装饰元素。作为办公空间，装饰的元素适度出现，主要格调还应控制为适合办公环境的简洁、明快，能够传达一种秩序和高效的理念。空间布局合理，满足使用功能，交通流向清晰。

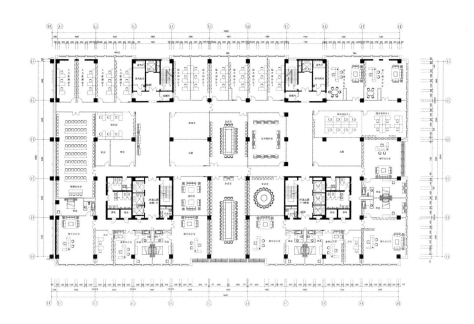

_指挥大厅1；C3_指挥大厅2

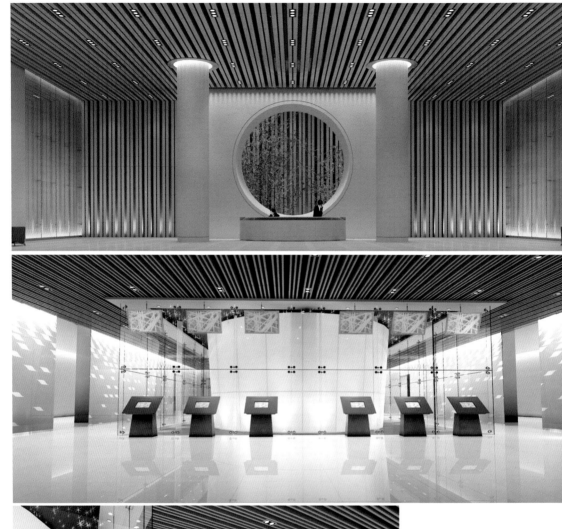

C3_二楼入口；
C4_数据查询厅；
C5_办公展示厅；
C6_会议室；
C4_餐厅入口；
C5_干部餐厅；
C6_司局长餐厅

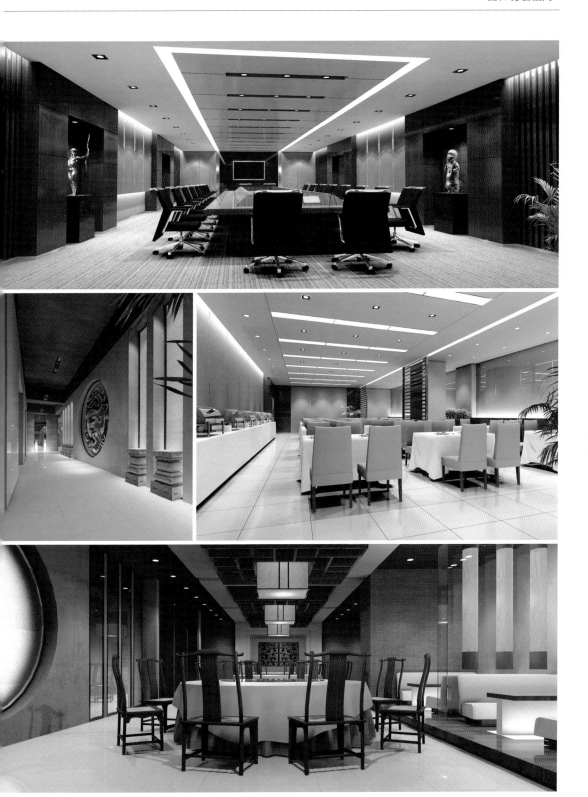

C7_自助餐厅视角1
C8_自助餐厅视角2
C9_副主任办公室；
C10_主任办公室

意丰德行(EFD)国际室内设计有限公司

　　意丰德行(香港EFD)国际室内设计是由国内外著名的设计师组建,专业从事建筑规划、室内外设计、景观规划、创意品牌系统化设计咨询和设计服务的国际化团队。

　　EFD采用最新的战略设计理念,代表着新锐设计师力量,引领行业前沿,引进国际领先的设计方法与设计管理系统。

　　EFD致力于专业设计与教学研究,打破传统设计观念,对相关设计领域进行跨界整合,创新的室内设计驱动与设计系统化,重塑设计流程。

　　EFD关注国际设计发展趋势,人文价值观以及设计所承载的社会责任。

　　EFD倡导设计的个性与本真,树立设计师个人品牌,严格执业操守,同时寻求国际强势设计团队合作。

　　EFD立足中国的民族文化,以创意为中心,以专业为本,崇尚自然、注重文化、突出个性。

　　EFD建立与国内外各领域的跨界合作带来与国际设计大师零距离对话。激活设计的地域特质、人文特质、发挥设计的原创性。

意丰德行EFD品牌创意中心:

　　意丰德行在做好室内创意设计的同时,投资成立由卢银銮主持的EFD品牌创意中心,立足中国市场结合中华文化之瑰宝,激活创意与智慧;对地域文化与优质资源进行深层调研、颠覆传统品牌路线,积极创新提高市场竞争力,使得民族品牌接轨国际形象。在经济全球化的当下,树民族品牌形象于世界之林。意丰德行整合优化创意投资环境,主动开发系列文化创意品牌,对其研发和投资。变创意为价值,变无形为有形,变无法为有法,变创意为财富,行创意资本之路……

许业武

意丰德行(EFD)品牌创始人执行董事
意大利米兰理工大学室内设计管理硕士
2004全国百名优秀室内建筑师
2006年南京市共青团市委授予"南京市新长征突击手称呼"
2008年中国十大样板房设计师50强称号
2010年-2011年度十大最具影响力设计机构

http://efd84670155.blog.sohu.com
http://www.efdh.com.cn MSN:efd1998@hotmail.com